ESSAI

SUR LES

EAUX THERMALES

DE BALARUC,

Où l'on affigne leurs vertus ; la maniere dont on les emploie ; les préparations néceffaires avant leur ufage ; & les Maladies auxquelles elles font utiles.

Ætas longè Magiftra fuit. OVIDE.

On le trouve

A Montpellier chez RIGAUD & PONS ; Marchands Libraires, Ruë de l'Aiguillerie.

M. DCC. LXXIII.

AU LECTEUR.

LES différents Traités que nous avons des Eaux de Balaruc ou n'instruisent pas assez, ou peuvent induire en erreur par les éloges souvent outrés qu'on leur donne. Plusieurs Malades ont été les victimes de leur crédulité ; les mauvais effets qu'ils en ont ressenti n'a pas peu contribué à affoiblir la grande réputation dont elles ont joui. La seule vue d'être utile aux jeunes Médecins, & de dissuader le Public de la fausse idée qu'il a sur les vertus de ces Eaux thermales dans plusieurs Maladies, m'a engagé de publier cet Essai. On n'est pas assez présomptueux pour croire qu'on ne laisse rien à desirer, on est persuadé qu'on n'a ni tout vu ni tout observé. On sera satisfait si cet exemple peut déterminer les Médecins expérimentés à donner leurs observations sur les Eaux de Balaruc, & à communiquer (comme nous ferons) telles qu'ils ont sur les autres Eaux minérales de cette Province, afin d'empêcher le Public d'abuser des unes & des autres, comme on voit qu'il le fait tous les jours. La Médecine pourra tirer un avantage de ces observations multipliées ; il sera pour lors aisé de l'enrichir d'un Traité général des Eaux minérales du Royaume, qu'on desire depuis long-temps ; si les Médecins des différentes Provinces veulent aussi donner leurs observations sur les Eaux minérales qui sont à leur portée, & si en les publiant ils n'ont d'autres vues que le bien public, & les progrès de la Médecine.

ESSAI

SUR LES

EAUX THERMALES

DE BALARUC.

CHAPITRE I.

Des vertus, ou des propriétés des Eaux thermales de Balaruc.

LES Eaux de Balaruc, éloignées d'un mille d'un Village qui porte ce nom, sont situées à treize mille ou environ de Montpellier, vers la partie occidentale de cette Ville, au bord de l'Étang de *Tau.*

Ces Eaux connues depuis plufieurs fiécles ont joui d'une grande réputation, qu'elles confervent encore en partie. Le grand nombre des Eaux thermales qu'on a découvert dans les différentes provinces a moins contribué à la leur affoiblir, que la mauvaife application qu'on en a fait dans différentes maladies.

Les Eaux de Balaruc font très-chaudes dans la fource ; l'œuf cependant frais n'en eft pas altéré. Leur chaleur varie fuivant les faifons ; il eft rare qu'en hiver, & lors des grandes pluies *elle aille au-delà du trente-huitieme degré du Thermomêtre de Mr. de Reaumur ; dans le tems fec & chaud elle atteint fouvent le 40e., 41e. & même le 42e. degré du même Thermomêtre.*

A mefure que ces Eaux s'éloignent de leur fource, elles perdent de leur chaleur, *celle des Bains des pauvres ne paffe jamais le 40e. degré dans les faifons les plus féches, & les plus chaudes. La chaleur des étuves qu'on a établi depuis quelques années, fait monter le même Thermomêtre au* 30e. *& quelquefois au* 31e. *degré.*

L'expérience feule nous donne les connoiffances folides des vertus, ou des propriétés des Eaux thermales ; les analyfes chimiques quelques exactes qu'elles foient nous induifent le plus fouvent en erreur. Si on lit celles qu'on a fait des Eaux de Balaruc depuis le feizieme fiécle (*a*) jufques à nos jours, on fera furpris des différentes fubftances qu'on y a découvert, à l'exception du fel marin qu'on n'a pu y méconnoître. Ces Eaux ont été, & font cependant les

____

(*a*) Nous avons de M. Dortoman un Traité des Eaux de Balaruc, fous le titre fuivant :

NICOLAI DORTOMANNI Arthemii Confiliarii & Profefforis Regii celeberrimæ Univerfitatis Medicæ Monfpelienfis ,
LIBRI DUO
De caufis & effectibus Thermarum Belilucanarum parvo intervallo à Monfpelienfi
Urbe diftantium.
LUGDUNI,
Apud CAROLUM PESNOT.
1579.

mêmes, elles ont toujours produit les mêmes effets ; c'est donc le feu qui a altéré ses principes, les a décomposés, & a donné lieu à la formation de ces différentes substances qu'on en a tiré. Les intermédes dont on s'est servi n'y auroient-ils pas contribué ?

Une douce & lente évaporation est la méthode la plus sûre pour analyser les Eaux thermales ; c'est que cette méthode ne porte aucune atteinte à leurs principes constitutifs. Si on y soumet celles de Balaruc elles donnent, 1°. *une assez grande quantité de sel marin*, principe dominant de ces Eaux. 2°. *Une terre absorbante qui se précipite sous la forme de petites écailles.* 3°. *Un peu de sélénite.*

Mais doivent-elles toutes leurs propriétés à ces principes ? n'en contiennent-elles pas quelqu'un d'inconnu qui leur donne leur principale vertu ?

Ces Eaux ne souffrent aucune altération notable par le transport ; on en excepte leur chaleur naturelle qu'elles perdent. On en a tiré à Paris

ris (*a*) les mêmes principes qu'à Balaruc ; cependant tranfportées , quoi
qu'on leur donne le degré de chaleur
qui leur eft propre, elles n'ont ni la même vertu , ni la même activité qu'elles ont à leur fource ; preuve évi-
dente , qu'outre les principes qu'on
obtient par l'évaporation , elles doivent en renfermer un qu'on ne connoit
point , qui leur donne leur principale vertu. Ce principe eft un *gaz* ,
ou principe volatil qu'on ne peut ni
fixer, ni retenir , ni recueillir. Nous
fommes perfuadés que toutes les
Eaux thermales en contiennent un
qui leur eft propre ; que ce principe
s'évapore aifément , & que par là
elles perdent leur principale propriété. Si ce principe volatil exifte dans
les Eaux thermales , comme leurs
effets le perfuadent , peut-on fe flatter que l'art puiffe imiter parfaitement la nature , & faire des Eaux
minérales artificielles auffi efficaces ,

(*a*) Obfervations fur les Eaux minérales par
Duclos.

que celles que cette mere commune
nous fournit ?

Ces principes préparés par la nature, unis enfemble, nageant dans
un véhicule aqueux fous une propor-
tion qui ne nous eft pas entiérement
connue, & animés par une chaleur
naturelle donnent à l'Eau de Balaruc
toutes fes propriétés médicamenteu-
fes. Mais comment agiffent-ils pour
produire les effets falutaires qu'on ob-
ferve de ces Eaux, lorfqu'elles font
employées à propos ? l'action des médicamens eft encore un problême ;
les fyftêmes ingénieux de différens
Médecins ne fatisfont point, & laif-
fent bien des chofes à defirer. Quoiqu'on ignore l'action phyfique des
principes des médicamens, on ne peut
pas douter que leur propriété ne
foit due à leur intime mélange, &
union faite par la nature, qui forme
un enfemble différent de chaque
principe en particulier ; enfemble que
l'art ne fauroit imiter, & qui, n'é-
tant pas le même dans chaque mixte,
donne la raifon, d'où vient que cer-

tains médicamens ont des effets différens, quoique par l'analyse ils fourniſſent les mêmes principes. C'eſt à cet enſemble qu'on doit attribuer leurs effets : ce qui le prouve, c'eſt que les principes pris enſemble, ou ſéparément ne produiſent jamais, ou du moins parfaitement l'action du médicament dont ils ont été tirés.

La connoiſſance des principes des médicamens paroit donc défectueuſe pour nous faire connoître leurs propriétés ; l'analyſe chymique n'eſt cependant pas à mépriſer, elle eſt ſouvent très-utile ; car, ſi on ne prend pas pour principes eſſentiels des médicamens, ceux qui ne ſont que la production du feu, ou qui émanent de l'union des intermédes avec les vrais principes, elle peut nous aider à ſuivre la route que l'analogie doit d'abord tracer, tant pour découvrir de nouveaux remédes, que pour en déterminer les vertus. L'expérience & l'obſervation peuvent ſeules les conſtater, on doit donc les conſulter pour en être aſſuré ; elles nous guideront

pour affigner les vertus, ou les propriétés des Eaux thermales de Balaruc.

Ces Eaux jouiffent intérieurement,
1°. *d'une vertu purgative* ; elles vui-
dent efficacement le réfultat des
mauvaifes digeftions ; l'enduit glai-
reux qui tapiffe l'eftomac, & le ca-
nal inteftinal ; font dégorger l'organe
fecrétoire de ces vifceres, celui du
foie & du pancreas ; y rendent la circulation plus aifée, & la fecrétion
plus libre.

Plufieurs Médecins ont cru que ces
Eaux ne paffoient pas dans le fang ;
ce qui les a induit en erreur, c'eft que
comme ces Eaux par leur vertu purgative font détournées brufquement
du côté du rectum, la fecrétion &
excrétion de l'urine ne paroit pas
augmentée dans le plus grand nombre des malades qui en ufent, fouvent même elle eft diminuée. Mais
n'eft-ce pas le propre des purgatifs de diminuer la fecrétion de
l'urine, de la rendre plus colorée en
provoquant une fecrétion plus abondante dans les organes de la di-

gestion ? il est constant qu'elles y pas-
sent plus ou moins abondamment selon la facilité que les malades ont à
être purgés ; on observe que ceux qui
font difficiles à émouvoir rendent des
urines très - abondantes , & très-
aqueuses pendant l'usage qu'ils font
des Eaux de Balaruc.

2°. Elles font *stomachiques* , elles
donnent du reffort à l'estomac &
animent les digestions.

3°. On peut les regarder comme
apéritives pour les visceres qui fer-
vent à la digestion , & pour les obftructions des autres visceres ; pourvu
toutefois qu'elles foient la fuite d'un
dérangement constant & opiniâtre
des fonctions de l'estomac. L'expérience & l'observation n'ont pas encore démontré qu'elles foient utiles
dans les autres espéces d'obstructions;
peut-être les feroient-elles si on les
donnoit à petite dose , à trois ou
quatre verrées dans la journée , comme on donne avec fuccès les Eaux de
Cauterés , *Moulix* , *la Preste* , *Bonne* ,
dans les tubercules fuppurants du

poumon ; celles *de Bagnols* (a), *du Mont-d'or*, *de la fontaine de la Magdeleine* pour fondre les tubercules encore cruds ; celles de *Barreges*, de *St. Sauveur*, pour émouſler & éteindre le virus écrouelleux; celles de *Vals*, de la *fontaine la Marquiſe*, pour détruire avec ménagement & ſans fougue les embarras bilieux du foie.

4°. Elles aiguillonnent les forces vitales, & les animent ; augmentent la chaleur naturelle ; rendent la circulation plus prompte, & déterminent une ſueur abondante.

5°. Elles calment certaines douleurs, ſuſpendent & diſſipent les ſymptomes vifs & alarmans qu'elles occaſionnent.

6°. Enfin elles ſont *déterſives*, & *épulotiques*, ou cicatriſantes ; elles favoriſent l'ultérieure déterſion des plaies & des ulceres ; raffermiſſent

----

(a) Les Eaux de Bagnols ont été employées plus d'une fois avec ſuccès dans les Maladies écrouelleuſes : celles de Barreges ſont cependant à préférer.

les chairs naissantes , & donnent lieu
à une cicatrice ferme & solide.

CHAPITRE II.

De la maniere dont on use des Eaux de Balaruc.

ON use des Eaux de Balaruc comme des autres Eaux thermales.
On les ordonne intérieurement en
boisson ; extérieurement sous forme
de bain , de douche. On expose aussi
les malades dans un endroit clos à
la vapeur qu'elles exhalent, ce qui
forme les étuves ou bain de vapeur.
On emploie aussi dans certaines circonstances sous forme de cataplasme
les boues qu'on ramasse au fond de
ces Eaux.

Quoiqu'elles puissent être utiles
dans toute saison , lorsque la nature
de la maladie les demande, & que
le cas est pressant ; elles sont toujours
plus avantageuses dans les saisons
tempérées, ainsi le printemps & l'au-

*Saison des
Eaux.*

tomne forment les deux saisons des Eaux de Balaruc. La premiere commence vers la mi-Avril, & finit dans le mois de Juin ; la seconde vers la mi-Septembre, & se termine après la Toussaint.

Rien n'est plus préjudiciable aux effets salutaires de ces Eaux que la précipitation avec laquelle le plus grand nombre des malades veulent en user, & en usent même. Ils se hâtent le lendemain de leur arrivée de boire les Eaux, & dans l'espace de six jours tout au plus, ils ont bu, pris plusieurs bains & plusieurs douches ; il n'est donc pas surprenant qu'ils n'y trouvent pas le soulagement qu'ils desirent : ils l'obtiendroient, s'ils prenoient les précautions nécessaires pour favoriser leur action. Ces précautions sont :

1°. De se reposer un jour avant d'user des Eaux, si le voyage pour s'y rendre a été court, & qu'on n'en soit pas fatigué ; mais si la route a été longue, fatiguante, & qu'on ait le sang animé, il est nécessaire de se ſe repoſer quelques jours.

2°. De faire précéder quelques remédes préparatoires, ſi on n'a pas eu l'attention de le faire avant de ſe rendre à Balaruc ; on les indiquera dans le Chapitre ſuivant.

3°. De ne pas ſe preſſer à boire les Eaux, prendre les bains & les douches ; l'âge, le tempérament, les effets des Eaux, & la nature de la maladie exigent ſouvent qu'on mette quelque intervalle des Eaux aux bains & aux douches, lorſque la maladie demande tous ces ſecours ; ils exigent encore quelques jours de repos après les trois, ou quatre premiers bains, les derniers ſont pour lors plus ſalutaires. Ce n'eſt pas que dans certains cas, & ſur-tout lorſque le malade eſt d'un bon âge, & d'un fort tempérament, on ne puiſſe boire les Eaux le matin, & prendre le ſoir la douche, ou le bain, & même deux bains par jour ; mais ces cas ſont rares, on ne peut gueres ſe décider que par l'effet des Eaux & le tempérament du malade, ainſi le

Baigneur doit le faire fur l'avis & les repréfentations du Médecin.

4°. D'obferver un bon régime. La fobriété eft auffi néceffaire, que le choix qu'on doit faire des alimens. Il ne faut jamais fe livrer à fes repas ; on doit fouper de bonne heure & légérement, on ne doit ufer que des alimens de facile digeftion, s'interdire tous ceux qui font groffiers, venteux & indigeftes.

5°. D'avoir l'efprit débarraffé de toute affaire, fouci, peine & inquiétude. La tranquillité d'ame favorife infiniment les effets des Eaux de quelle façon qu'on en ufe, il ne faut rien négliger pour fe la procurer. On peut la trouver dans la promenade aux heures convenables, fi les forces & la maladie le permettent, & fi la faifon ne s'y oppofe point ; dans les différens amufemens qu'il eft aifé de fe procurer, & qui font d'autant plus fenfibles pendant les faifons des Eaux, que la liberté honnête qui régne parmi ceux qui en ufent, affranchit de cette gêne qui rend fouvent

les amuſemens les plus gais très-inſi-
pides.

Il eſt d'uſage de boire les Eaux pendant trois jours de ſuite ; néanmoins on peut les prendre pendant quatre, cinq, & même ſix jours conſécutifs, ſi la nature de la maladie l'exige & le tempérament le permet ; il eſt cependant très-rare qu'on prolonge la boiſſon au-delà du quatrieme jour.

On les prend le matin à jeun vers les cinq ou ſix heures, quelquefois plus tard ſuivant la ſaiſon & l'état du malade. La doſe eſt pour chaque jour de ſix livres, juſques à neuf, ce qui fait trois pots meſure du Païs. On n'eſt pas dans l'uſage ni de les peſer, ni de les meſurer ; on les prend ordinairement en trois ou quatre repriſes à la doſe, de dix à dix-huit grandes verrées.

On boit cette quantité d'eau dans l'eſpace de deux à trois heures. D'entrée il ne faut en boire que deux ou trois verrées ; ſi on ſe preſſe, & qu'on s'engorge, elles gonflent l'eſtomac,

occafionnent des inquiétudes , procurent le fommeil , & on les rend
avec peine. Dès qu'on ne fent plus
fur l'eftomac les deux premieres verrées , on en boit deux autres ; on
continue ainfi tous. les quarts d'heure , jufques à ce qu'elles aient com-
mencé à agir ; pour lors on peut les
preffer , & en boire de fuite une
plus grande quantité.

On ajoute ordinairement au premier verre du premier jour, un purgatif pour aider les Eaux à percer
plus aifément par les felles ; on en
fait de même au dernier verre du
dernier jour pour entraîner toutes
celles qui n'ont pas bien paffé.

La manne , à la dofe de deux ou
trois onces , eft le purgatif qu'on y
ajoute communément ; on y affocie
quelquefois quelques grains de rhu-
barbe en poudre , lorfque l'état de
l'eftomac le demande. Ce purgatif
répugne fouvent à certains malades,
pour lors on peut lui fubftituer un
fel neutre , comme le fel polychrefte
de *Glafer* , depuis demi once jufques

à une once & demie ; celui de *Sei-gnette* depuis une once jusques à deux ; celui *d'Epson* à la dose de celui de *Glaser* &c. Nous devons faire remarquer , 1°. Qu'on doit préférer les sels polychrestes au sel d'Angle-terre ; c'est que ce dernier laisse sou-vent des impressions de feu dans les entrailles , les rend sensibles , & par là les Eaux procurent des douleurs de colique plus ou moins vives.

2°. Que la manne convient mieux dans le plus grand nombre des tem-péramens , sur-tout aux habitans de cette province. Une heure , ou une heure & demie après la derniere ver-rée , les Eaux ayant presque fini leur effet , on fait prendre un bouillon or-dinaire. Lorsqu'on craint que les Eaux ne laissent une impression de feu , on donne un bouillon de mai-gre de veau , ou de poulet altéré avec la chicorée blanche. Il est des tempéramens sensibles , affligés des maladies qui demandent les Eaux de Balaruc ; pour lors il faut en émous-ser l'activité en les coupant au tiers ,

ou à moitié avec l'Eau de fontaine
J'ai vu plufieurs fois des effets mer-
veilleux des Eaux de Balaruc prifes
avec cette précaution. Il eft inutile
de faire obferver, que dans ce cas
il ne faut pas y ajouter les fels neu-
très, qu'il faut préférer la manne.

Les Eaux tranfportées purgent
trés-bien, mais leur effet eft plus
avantageux à la fource ; c'eft que
par le tranfport elles perdent le *gaz*
ou principe volatil & inconnu qu'elles ont, & qui leur donne l'activité
qui leur eft propre. Si on les prend
à la fource il faut avoir l'attention de
les puifer toutes les fois qu'on les
boit. Si on ufe de celles qu'on a tranf-
porté, il faut les faire chauffer au
bain marie, & les boire auffi chaudes
qu'il eft poffible. Il eft abfolument
néceffaire pendant qu'on les boit, &
tandis que leur effet dure, de s'interdire toute occupation & contention
d'efprit ; de fe promener fi les forces
le permettent ; de fe garantir du
froid, de l'humidité, & du fommeil
qu'elles procurent quelquefois, fur-

tout lorsqu'on reste dans l'inaction & qu'on les prend dès le commencement en trop grande quantité ; il est même dangereux de se livrer aux envies de dormir qui saisissent assez souvent, & même vivement après le dîné, il-faut mettre en usage tous les moyens possibles pour les surmonter.

On prend le bain dans la source ou dans la cuve, ce qui donne occasion de distinguer deux sortes de bains : *Bains dans la source* ; *Bains dans la cuve.*

La chaleur de l'eau dans la source ne permet point qu'on y prenne le bain entier, les malades ne peuvent gueres y rester que 4, 5, 6, 7 ou 8 minutes au plus ; on a cependant vu de forts tempéramens qui y ont resté de 12 à 14 minutes ; on y plonge seulement les extrémités, lorsque leur état de résolution parfaite l'exige.

Le bain dans la cuve est d'un plus grand usage. Au moment que le malade doit y entrer, on emplit une cuve au tiers, ou à moitié avec l'eau puisée dans la source , & avec de la même eau puisée la veille, qu'on a laissé refroidir toute la nuit, on donne au bain le degré de chaleur qu'on juge à propos.

La chaleur qu'on lui donne ordinairement est du 36e. au 39e. degré, ce n'est pas qu'on ne puisse la mettre au-dessous du 36e., & même avec succès.

Observation. Le fils de M..... âgé de dix ans, d'un tempérament très-délicat, affligé d'une paralysie imparfaite du côté droit, fut à Balaruc pour prendre le bain dans la cuve. On recommanda expressément à ses parens que la chaleur de l'eau n'excédât pas le 30e. degré. Le Baigneur eut beaucoup de peine à y consentir, il représenta que l'eau à ce degré ne produiroit que l'effet d'un bain ordinaire. On avoit prévu cette difficulté ; les parens persisterent, ajoutant (comme on leur avoit dit) que si les premiers bains au 30e. degré ne produisoient aucun effet, on augmenteroit la chaleur jusques au 32e. degré, & même au-delà s'il étoit nécessaire. Le Baigneur fut forcé d'obéir ; il mit

mit l'eau au 30e. degré; ce jeune-homme n'y resta gueres plus du tems ordinaire; on le porta au lit, il survint une sueur douce, assez abondante, qui lui procura le soulagement qu'on desiroit.

On prend le bain le matin à jeun; les malades y restent dix, douze, quinze minutes selon leurs forces. On connoit qu'il est tems de les en faire sortir par la nature du pouls, & la couleur de la face. Le pouls devient fort, grand & fréquent; souvent petit, fréquent, inégal, & même intermittent; il faut pour lors se hâter de les sortir crainte d'évanouissement; la face se couvre d'une rougeur vive, animée, on s'apperçoit qu'il en découle quelques gouttes de sueur.

On couvre d'un drap chaud le malade au sortir du bain. Il va, ou on le porte dans une des chambres attenantes à la source; on le met au lit enveloppé dans ce drap; on le couvre sans le surcharger de couvertures; la sueur ne tarde pas à se manifester. On le laisse suer pendant de-

D

mi heure , & même au-delà ; on l'effuie pour lors avec attention , on le
change de drap , & on lui fait prendre un bouillon ordinaire , ou un
bouillon de collet de mouton , de
maigre de veau , ou de poulet altéré
avec la chicorée , fi le tempérament
& la nature de la maladie le demandent. La chaleur du bouillon détermine fouvent une nouvelle fueur ,
mais plus légere que la premiere , on
l'effuie de nouveau , après qu'il s'eft
repofé quelque-tems , qu'il ne paroit
plus ni fueur , ni moiteur , que le
pouls eft calme & tranquille ; il s'ha-
bille & fe retire.

On prend rarement deux bains
dans la journée ; j'ai vu cependant
de jeunes & forts tempéramens les
prendre , & même avec fuccès.

La nature de la maladie , le tempérament , les effets des premiers
bains doivent en fixer le nombre ; il
eft rare qu'on en prenne au-delà de
fix ou de huit ; on peut les prendre
de fuite , fi le malade n'en eft pas fatigué , ni échauffé ; mais pour peu

qu'il le soit, il est prudent de le laisser reposer un ou deux jours, après le troisieme ou quatrieme bain.

On trouve des tempéramens si sensibles que le bain anime, échauffe, & fatigue considérablement. Ces tempéramens ne doivent user des Eaux de Balaruc qu'après avoir été bien préparés ; on ne doit leur donner le bain que tous les deux jours, & leur faire prendre un bouillon de poulet altéré avec les plantes convenables à leur maladie, & à la constitution de leur sang.

Il arrive quelquefois que les Eaux de Balaruc de quelle façon qu'on en ait usé, & malgré les précautions les plus sages, laissent après leur effet (quoique très-salutaire) un sentiment de feu & d'ardeur ; on y remédie par un régime humectant & adoucissant ; par les bouillons de poulet avec les plantes tempérantes & délayantes; & sur-tout par le petit lait bien clarifié, donné à plusieurs verrées dans la journée.

La douche *est l'action de frotter en* Douche.

tous sens avec la main une partie à mesure qu'on y fait tomber l'eau d'une certaine hauteur.

On douche toutes les parties du corps à l'exception de la partie antérieure de la poitrine & du bas ventre ; on peut les fomenter plusieurs fois dans la journée avec l'eau puisée chaque fois dans la source, si les circonstances le demandent.

On prend la douche au bord de la source, on y place le malade d'une maniere convenable. Un aide puise l'eau & la fait tomber d'une certaine hauteur à mesure que le Baigneur la frotte en tout sens. Cette manœuvre dure pour l'ordinaire douze, quinze, dix-huit minutes ; elle ne fatigue presque point, si ce n'est que la partie qu'on douche n'ait une grande étendue. Il est d'usage d'en prendre deux dans la journée, l'une le matin, l'autre le soir ; on peut les continuer trois, quatre & même six jours de suite.

Dès que cette manœuvre est faite, on couvre la partie , & on conduit

le malade dans une des chambres attenantes à la fource. Si c'eſt la tête
qu'on a douché, on le fait affeoir au-
près d'un feu clair, on la lui effuie
& frotte à pluſieurs repriſes avec des
linges chauds ; on la lui ferre & couvre enſuite exactement avec un mou-
choir, ſur lequel on met la coëffure,
ou bonnet ordinaire qui doit être plus
fort que celui qu'on porte journelle-
ment. Si c'eſt une autre partie,
qu'elle ait une certaine étendue, après
qu'on l'a bien effuyée ; il convient
que le malade ſe mette au lit, qu'il
y reſte un certain tems, tant pour
ſe repoſer, que pour ne point inter-
rompre une moiteur affez conſidérable, & même une légere fueur,
qu'excite pour lors la douche. En
quittant le lit il doit couvrir un peu
plus la partie ; c'eſt être très-fage &
très-prudent que de le faire avec une
étoffe de laine fine ; ainſi ſi c'eſt les
cuiffes qu'on ait douché il faut mettre des caleçons de cette étoffe ; ou
un gillet ſi on a douché les reins, les
épaules, les bras.

Quelque partie qu'on ait douché
il ne faut pas, 1°. s'expoſer ni au
froid, ni au vent, ni à l'humidité ;
la tranſpiration que la douche a rendu
plus aiſée & plus abondante pourroit être dérangée ou ſupprimée. 2°.
Il faut après les douches tenir pendant quelques jours les parties cou-
vertes de la façon qu'elles l'ont été ;
ne point les dégarnir bruſquement,
mais peu à peu ; ſans ces précautions
il peut ſurvenir des douleurs, des
fluxions très-inquiétantes & ſouvent
allarmantes.

Étuve. On appelle étuve ou bain de vapeur *un lieu étroit, obſcur, bien fer-
mé où la vapeur des Eaux thermales
eſt reçue, ramaſſée & concentrée.*

La chaleur qu'on y reſſent n'ex-
céde pas le 30e. degré du thermo-
metre de Mr. de Reaumur.

On ne peut point déterminer le
nombre des fois que les malades doivent y entrer, ni le tems qu'ils y doivent reſter ; on doit là-deſſus conſulter les tempéramens. En général on
peut dire que les malades s'y ſou-

tiennent, huit, dix, douze, quinze, dix-huit minutes; on en a vu qui y ont resté demi-heure. Il y a de l'imprudence d'y exposer les tempéramens foibles & délicats, ils y tomberoient en défaillance.

On peut prendre les bains de vapeurs quelques jours de suite, si le tempérament & les effets qu'ils produisent le permettent. Au sortir de l'étuve, on enveloppe le malade d'un drap, on le met au lit, & on a à son égard les mêmes soins & les mêmes attentions, qu'on a pour ceux qui sont sortis du bain.

Les Bouës sont une terre plus ou moins détrempée, imprégnée des principes des eaux, qu'on ramasse au fond de la source. Exposées à un air libre elles s'épaississent, se dessèchent & exhalent pour lors une espéce d'odeur de foie de souphre, ou des œufs couvés. Elles jouissent d'une vertu résolutive, dessicative. On les applique toutes chaudes sous forme de cataplasme sur différentes parties. Si on emploie celles qu'on a transf-

Les Bouës.

porté, avant de s'en servir, il faut
les ramollir avec l'Eau de Balaruc,
& leur donner un degré de chaleur
convenable.

CHAPITRE III.

*Des préparations néceſſaires avânt de
faire uſage des Eaux de Balaruc.*

SI on n'obtient pas des Eaux de
Balaruc les effets qu'on deſire,
c'eſt que le plus grand nombre des
perſonnes qui y vont dans les différentes ſaiſons, n'a fait précéder aucun reméde préparatoire ; & n'a ſouvent conſulté que la voix publique
ſur les effets de ces Eaux thermales.
Tout reméde peut devenir préjudiciable , s'il eſt appliqué mal-à-pro-
pos , ou employé ſans précaution.
On entend dire *les Eaux de Balaruc
n'ont rien valu dans cette ſaiſon , elles
ont nui aux perſonnes qui y ont été.*
Pourquoi inculpe-t-on ces Eaux dont
les

les vertus font toujours les mêmes ? fi elles ne font pas également falu- taires dans toute faifon; c'eft que la plûpart de ceux qui en ufent, le font fans préparation; c'eft qu'ils fe hâtent trop de les prendre, & que fouvent ils y ont recours pour des maladies qui ne demandent pas ce fecours.

Pour en reffentir les effets falutai- res, il faut que le corps y foit difpo- fé; on lui procure cette difpofition néceffaire par différens remédes, que le tempérament, l'état des premie- res voies, la conftitution du fang, & la nature de la maladie dont on eft affligé doivent déterminer. Nous n'entrerons pas dans le détail; il ex- céderoit les bornes que nous nous fommes prefcrit, nous nous conten- tons de faire obferver en général, 1°. que ces Eaux par leur chaleur naturelle & leur vertu active gon- flent & animent le fang; qu'ainfi il eft néceffaire de faire précéder une ou deux faignées, lorfque les fujets font jeunes & pléthoriques, ou ré- cemment affligés de quelque fuppref- fion fanguine. E

2°. Qu'il faut se purger d'une maniere convenable, sur-tout lorsqu'on
a des signes non équivoques du dérangement des digestions, & d'un
amas de cacochilie. L'estomac débar-
rassé de la plus grande partie des
mauvais sucs est plus sensible à l'impression des Eaux ; elles font dégorger avec plus de facilité les organes
secrétoires de la digestion ; elles ob-
vient plus aisément aux légeres obstructions qui s'y font formées ; & ré-
tablissent plus promptement le ton
des tuniques du principal viscere de
cette fonction.

3°. Qu'on doit disposer le sang à
l'action vive de ces Eaux ; le rendre
plus obéissant aux forces vitales qui
font augmentées par leur vertu, &
le mettre en état de fournir à l'organe secrétoire cutané la matiere de
la sueur, qu'elles y déterminent en
abondance. C'est pour remplir ces
vues qu'on conseille avec succès les
bouillons de poulet, de maigre de
veau, ou de collet de mouton avec
les feuilles & racines des plantes con-

venables à la nature de la maladie;
& à la conſtitution du ſang; les apo-
zemes qui aient la même vertu; le
petit lait avec les ſucs des plantes
propres à donner au ſang cette diſpo-
ſition qu'on deſire pour obtenir les
effets ſalutaires des Eaux &c.

Ces obſervations générales doivent
engager toute perſonne qui a beſoin
des Eaux, à conſulter ſon Médecin,
qui doit déterminer les remédes préparatoires; fixer le tems pendant
lequel il faut les continuer. On doit
encore avoir ſon avis ſur la maniere
dont on doit en uſer; ſur le nombre
des bains, de quelle façon il faut les
prendre; & ſur le tems qu'on doit
ſéjourner à Balaruc.

CHAPITRE IV.

Des maladies contre lesquelles on emploie avec succès les Eaux de Balaruc.

LEs précautions qu'on doit prendre ; les remédes qui doivent précéder les Eaux ne sauroient rendre leurs effets salutaires , si la nature de la maladie ne demande pas ce secours ; un grand nombre l'exige ; il en est même qui au premier coup d'œil paroissent devoir céder à leurs effets , elles leur sont cependant entiérement contraires , tant à cause du tempérament des malades , que des causes qui les ont occasionnées ; il sera aisé de s'en convaincre dans l'énumération que nous allons en faire. Nous suivrons dans ce détail l'ordre de leurs vertus , & la maniere dont on s'en sert.

ARTICLE I.

Des Eaux de Balaruc en boiſſon.

Les Eaux de Balaruc conviennent en boiſſon, 1°. dans l'inappétence, dégoût opiniâtre ; lorſqu'on a lieu de ſoupçonner par les cauſes qui ont précédé, & par le tempérament qu'ils ſont dûs à *l'atonie* ou relâchement, foibleſſe des tuniques de l'eſtomac, & à la viſcoſité des liqueurs gaſtriques.

Inappétence, dégoût.

2°. Dans les douleurs ou coliques d'eſtomac chroniques ; pourvu toutesfois que la douleur ſoit ſourde & obtuſe ; qu'elle ne ſoit pas vivement aigrie par la preſſion, & que la préſence des alimens n'en faſſe pas changer le caractére.

Colique d'eſtomac.

3°. Elles diſſipent les accès de fiévre rébelles, ſur-tout les quartes & tierces bâtardes ; elles en préviennent le retour.

Accès de fiévre.

4°. On les preſcrit avec ſuccès dans l'ictère commençant, quand par

Ictère.

les caufes qui ont précédé, la pefan-
teur du corps, la pareffe du ventre,
& la couleur cendrée des déjections
alvines, on eft affuré qu'il eft dû à
l'obftruction des pores biliaires.

5°. Elles ne font pas moins utiles
dans les pâles couleurs récentes. Si
elles ne les diffipent pas entiérement
(ce qui arrive affez fouvent) on y
réuffit enfuite plus efficacement par
le fecours des martiaux, pourvu toutefois que la malade veuille perdre
de vue l'objet de fa mauvaife habi-
tude.

6°. On ne doit pas héfiter de les
faire prendre dans les obftructions dés
vifceres du bas-ventre, lorfqu'elles
font récentes, qu'elles font la fuite
du dérangement conftant des fonctions de l'eftomac ; quand même il
y auroit un commencement de ca-
chéxie.

On fe perfuade qu'elles feroient la
fonction d'un très-bon apéritif, fi
dans ce cas on les donnoit à deux,
trois, quatre verrées dans la journée,
& qu'on les fit continuer pendant plu-

fieurs jours ; mais l'ufage de les employer à fi petite dofe n'eft pas encore
reçu.

7°. Elles éloignent les paroxifmes
de vertige, de migraine. C'eft que
le plus fouvent ils font déterminés
par le vice des digeftions.

Elles font auffi très-utiles dans la
Céphalée ou douleur de tête invétérée, fi elle dépend de la même caufe.

8°. Elles font avantageufes aux
épileptiques. Si cette cruelle maladie ne dépend que de l'eftomac, elles
contribuent beaucoup à fa guérifon
parfaite. Si elle eft due (ce qui n'eft
que trop fréquent) à un vice de con-
formation héréditaire ou acquis des
vaiffeaux du cerveau, elles fufpen-
dent & retardent les attaques ; c'eft
que pour l'ordinaire la *coction léfée*
des alimens les détermine.

On doit les leur prefcrire à petite
dofe, leur recommander de mettre
quelque intervalle d'une verrée à l'autre : car la preffion des vaiffeaux
du bas ventre par l'eftomac trop
plein, & diftendu, ou le fang gonflé

par la préfence d'une trop grande
quantité d'eau pourroient occafion-
ner un accès épileptique , dont les
fuites feroient très-fâcheufes.

Paralyfie,
apoplexie.

9°. Elles font très-falutaires dans
les paralyfies. On les confeille comme
prophilactiques à ceux qui ont eu une
attaque d'apoplexie.

Aigreurs
d'eftomac.

10°. On les voit très-fouvent réuf-
fir dans les aigreurs rébelles & opiniâtres de l'eftomac ; fi cette efpéce
de *dyfpepfie* ou digeftion dépravée eft
la fuite de l'inertie des tuniques de ce
vifcere, & de la vifcofité des liqueurs
qui s'y féparent. Il eft néceffaire que
les perfonnes qui y font fujettes, s'in-
terdifent enfuite pendant quelque-
tems l'ufage du vin & des alimens
qui s'aigriffent aifément, fi elles veulent en prévenir le retour.

Vers.

11°. Les perfonnes fujettes aux
Vers les prennent avec fuccès. Elles
détruifent ces infectes, les chaffent
hors du corps. Elles font plus efficaces pour le *tænia* ou folitaire , & les
ftrongles ou Vers longs & ronds , que
pour les *afcarides*. J'ai vu plufieurs
fois

fois des malades rendre plufieurs au-
nes du Ver folitaire par l'effet des
Eaux de Balaruc.

ARTICLE II.

Des Eaux de Balaruc fous forme de
Bain.

Sous forme de bain elles produi-
fent les plus grands effets dans les
paralyfies ; on pourroit les regarder
comme fpécifiques dans ces maladies
fi on n'en abufoit point. Il fuffit de
reffentir un engourdiffement dans
une partie, ou une abolition du fen-
timent ou du mouvement, ou de
tous les deux pour recourir tout de
fuite aux Eaux, fans faire attention,
ni à la nature de la maladie, ni aux
caufes qui l'ont occafionée.

Elles conviennent en général dans *Paralyfie*
les paralyfies ; mais elles ne leur font
pas également falutaires.

Elles font très-avantageufes, &
leurs effets font prefque toujours heureux dans celle qui furvient brufque-

ment, lorsque le sujet est d'un bon
tempérament, d'un âge moyen ;
que la partie conserve sa chaleur naturelle, & que la paralysie n'a été
précédée d'aucune affection du cerveau.

L'espérance de guérison est au con-
traire bien foible, lorsque la paralysie est venue peu à peu ; que la partie paralysée est froide, pâle, attro-
phiée ; que la personne qui en est affligée est dans un âge avancé.

On ne doit rien espérer des Eaux
de Balaruc dans les paralysies invé-
térées ; elles sont incurables.

On n'ignore point que celle qui
succéde à une apoplexie se guérit
très-difficilement, sur-tout dans un
âge avancé. Les malades sont très-
sagement d'aller tout de suite à Balaruc, & d'y retourner deux ou trois
saisons. Ils ne doivent plus le faire
s'ils n'y ont trouvé qu'un foible soulagement. On ne doit point le leur
conseiller, lorsqu'on s'apperçoit qu'ils
ont le corps pesant ; la tête lourde ;
l'esprit sombre, tardif ; ils en seroient
les victimes.

Un Capitaine Suisse âgé de soixante-huit ans, affligé d'une hémiplégie imparfaite, à la suite d'une attaque d'apoplexie, eut recours aux Eaux de Balaruc. Le léger soulagement qu'il en ressentit, lui fit espérer d'y trouver sa guérison parfaite en y allant pendant plusieurs saisons. Il y retourna une seconde fois ; les effets ne furent pas plus heureux. Il attendoit avec impatience une nouvelle saison. On n'oublia rien pour le dissuader d'y retourner une troisieme fois ; c'est que depuis deux mois il étoit triste, sombre & pensif. Les représentations furent inutiles, il y fut, but les Eaux, prît ensuite le bain de la cuve. Le premier ne parut pas l'affoiblir ; il le fut un peu par le second ; quelques heures après en être sorti, il fut frapé d'une attaque d'apoplexie forte qui le conduisit au tombeau.

Un célébre Avocat y eut l'année derniere le même sort.

Les Bains de Balaruc sont pour l'ordinaire nuisibles dans cette espéce

de paralyſie, que les anciens Médecins ont déſigné ſous le nom de
Bilieuſe, que les modernes attribuent
à la ſéchereſſe, & à l'aridité des
nerfs, & des fluides. On la reconnoit aiſément par le tempérament,
par les cauſes qui y ont donné lieu ;
telles ſont *les fortes & réitérées paſ-*
ſions d'ame ; les chagrins vifs & cui-
ſans ; les exercices & plaiſirs immo-
dérés ; les veilles prolongées ; le fré-
quent uſage des alimens ſalés, trop
aromatiſés, du vin, des liqueurs ar-
dentes, du caffé &c., & par une eſpéce de douleur, & de ſecouſſe con-
vulſive que les malades reſſentent par
intervalle dans les parties où le mouvement, & le ſentiment ſont perdus,
ou diminués. Les bains d'eau douce
ſont plus ſalutaires à cette paralyſie,
que ceux de Balaruc ; & la boiſſon
des Eaux minérales froides, préfé-
rable à celle des Eaux thermales.

Cependant ſi cette paralyſie ne
céde point à l'uſage conſtant, & con-
tinué des humectans, délayans, &
de légers anti-paralytiques ; que la

douleur & secousse convulsive que les malades éprouvent par intervalle aient diminué ou disparu, il n'y a pour lors aucun danger d'aller à Balaruc; il est même prudent de le faire, & d'y prendre les bains tempérés.

Mr.. Chirurgien à Frontignan, par un excès journalier du vin, devint paralytique du bras & de la jambe droite. Il se fit porter à Balaruc, espérant que les bains rendroient à ces parties le mouvement, & le sentiment; il les prit dans la cuve. Le second quoique très-tempéré l'affoiblit considérablement, lui roidit l'avant-bras, les doigts, & les lui rendit crochus. On eut beaucoup de peine à le ramener chez lui; il ne trouva du soulagement que dans l'usage des adoucissans, des humectans mariés avec les légers céphaliques, qu'il prit sous les yeux, & par les sages conseils de Mr. Maraval son Médecin. *Observation.*

Les bains sont très-utiles dans l'engourdissement des parties, lorsqu'il est l'avant-coureur de la paralysie, ou paralysie commençante; car ils *Engourdissement.*

feroient très-nuifibles fi on les con-
feilloit dans cette efpéce d'engourdiffement qui attaque fouvent les va-
poreux , les mélancholiques , & les
hypochondriaques.

*Tremble-
ment.* On reconnoit d'après l'obfervation ,
deux efpéces de tremblement , eu
égard aux caufes qui l'occafionnent ;
tremblement *demi-paralytique & demi-convulfif*. Dans le premier, l'iné-
galité des forces dans les fibres mo-
trices eft l'effet du relâchement de
quelques-unes , fuite de la compref-
fion ou de l'obftruction des nerfs qui
s'y diftribuent. Le fecond eft dû au
defféchement , à la roideur d'un certain nombre de fibres mufculaires ,
tandis que les autres font prefque
dans leur état naturel. Si les caufes
& le tempérament rendent douteux
le diagnoftic , il eft très-aifé de s'en
affurer par les fymptomes. Le tremblement *demi-paralytique* ceffe , lorfque le membre eft foutenu , ou ap-
puyé ; mais il perfifte plus ou moins
vivement dans quelle fituation qu'on
le mette , s'il eft *demi-convulfif*. On

éprouve des effets salutaires des bains dans la premiere espéce ; tandis qu'ils font entiérement nuisibles dans la seconde.

Le nommé.... âgé de 63 ou 64 ans, né avec un tempérament robuste ; Cardeur de laine par état, fut affligé peu à peu d'un tremblement des extrémités, plus considérable aux supérieures qu'aux inférieures. Dans quelle position qu'on le mit, le tremblement étoit si fort qu'il se soutenoit à peine sur ses pieds, & ne se servoit qu'avec difficulté des mains pour prendre sa nourriture. Ses parens, ses amis, & d'autres personnes peu instruites le presserent d'aller à Balaruc. Il s'y rendit ; il prît les bains tempérés dans la cuve. Le quatrieme le rendit perclus de tous ses membres ; il a resté dans cet état pendant neuf à dix ans sans qu'aucun reméde ait pu lui en rendre l'usage.

La danse de St. Guit est selon plusieurs Médecins une espéce de convulsion qui afflige le plus souvent les jeunes gens depuis l'âge de 10 jusques

Observation.

Chorea St. Viti. Danse de St. Guit.

à 14. On la voit fréquemment en Angleterre, rarement dans les autres païs. Si on fait attention que les causes qui la procurent ne sont pas toujours les mêmes ; que les mouvemens irréguliers, & les contorsions qu'éprouvent les malades lorsqu'ils veulent marcher, élever leurs bras, porter leurs mains à la bouche, ou sur la tête ne se font pas chez tous avec la même activité ; que les membres de quelques-uns cessent de se mouvoir, ou se remuent foiblement lorsqu'ils sont soutenus, on ne pourra pas disconvenir qu'elle ne soit plutôt une espéce de tremblement, qui est (on l'avoue) plus souvent convulsif que paralytique. Les bains de Balaruc sont aussi salutaires dans cette surprenante maladie, lorsqu'elle dépend d'une cause paralytique, qu'ils lui sont nuisibles quand elle est convulsive.

Observation. Le fils de Mr.... fut attaqué à l'âge de 12 ans de cette maladie. Son tempérament mol & lâche, la lenteur dans les mouvemens des extré-

mités

mités supérieures , qui cessoient lorsqu'elles étoient soutenues , firent ju-
ger qu'elle étoit demi - paralytique.
Après une préparation convenable à
son tempérament , & à la nature de
la maladie , il fut envoyé à Balaruc.
Les bains qu'il prît dans la cuve ,
après avoir bu les Eaux, le soulage-
rent. Le soulagement fut encore plus
sensible la saison suivante ; il guérit
parfaitement par le secours des Eaux,
des purgatifs , des bouillons céphaliques , & d'un long usage de la poudre de Guttette ; il a survêcu dix ans
sans en avoir eu aucun retour ; il est
mort d'une fiévre maligne.

La fille de Mr... Négociant à Nî-
mes , âgée de dix ans , fut affligée
de cette maladie. Son tempérament
vif & sensible ; la secousse qu'éprou-
voient les bras & les mains , qui
persistoient quoiqu'ils fussent soutenus , prouvoit assez qu'elle étoit convulsive. Elle fut à Balaruc par le
conseil d'un Médecin ; elle n'y trouva
pas le même soulagement que le fils
de Mr....Son Médecin ordinaire dis-

Observations

G

suada ſes parens d'y retourner ; il lui preſcrivit les bains domeſtiques , les bouillons de poulet avec les plantes anti-ſpaſmodiques , le petit lait &c. , les effets de ces remédes furent heureux ; on ne doute point qu'elle ne ſoit parfaitement guérie , ſi on les a conſtamment continués.

Rhumatiſme. Les bains calment & diſſipent les rhumatiſmes , & douleurs rhumatiſmales ; lorſque ces maladies ſont chroniques , & produites par une cauſe froide , ſuivant le langage des anciens Médecins , c'eſt-à-dire , lorſqu'elles ſont dues au ſeul épaiſſiſſement de l'humeur ſynoviale muſculaire ; car les ſymptomes , l'opiniâtreté de ces douleurs perſuadent aſſez que le ſiége de leur cauſe eſt dans cet organe ſecrétoire qu'on obſerve dans la gaîne de chaque fibre muſculaire , qui ſépare cette humeur ſynoviale propre à l'humecter , & en favoriſer l'action.

Si l'épaiſſiſſement de cette humeur eſt l'effet du virus vérolique , les bains de Balaruc ſont conſtamment huifibles ; les douleurs deviennent plus vives.

Mr.... reffentoit depuis plufieurs Obfervation. mois des douleurs rhumatifmales à différentes parties, fur-tout aux extrémités ; il fit plufieurs remédes fans fuccès. L'opiniâtreté de ces douleurs, leur caractére prouvoient évidemment qu'elles étoient entretenues par une caufe particuliere. On foupçonna le virus vérolique ; c'eft qu'elles étoient plus vives la nuit que le jour. On ne le lui cacha pas ; on lui repréfenta que les frictions mercurielles étoient l'unique reméde pour l'en débarraffer, fi le virus vérolique y avoit quelque part. Il répondit que cette caufe ne pouvoit pàs exifter, n'ayant jamais eu aucun fymptome qui eut pu lui perfuader d'avoir contracté cette maladie. Des perfonnes de fa connoiffance, qui avoient été délivrées des douleurs rhumatifmales, par le fecours des bains, le déterminerent d'y aller ; il s'y rendit. Le fecond bain qu'il prît dans la cuve lui aigrit fi fort fes douleurs qu'il eut beaucoup de peine à marcher, à se soutenir & à se servir de ses bras ; il perdit le sommeil. De retour de Balaruc on le mit à l'usage des bouillons de poulet, & des bains domestiques. Le sommeil revint, & fut tranquille ; les douleurs se calmerent. On le pressa de revenir plus scrupuleusement sur lui-même. Il avoua, qu'il y avoit dix à douze ans qu'il avoit eu des chancres, qui disparurent assez promptement par l'application d'une pommade rougeâtre ; que depuis ce tems il n'avoit ressenti d'autre incommodité que les douleurs dont il se plaignoit. Après cet aveu, la présence du virus ne fut plus équivoque ; on lui fit continuer les bains, & on lui administra méthodiquement les frictions mercurielles, qui le délivrerent entiérement de ses douleurs, lui rendirent l'embonpoint qu'il avoit perdu par les souffrances, par les inquiétudes & par les peines d'esprit qu'elles lui avoient occasionné ; il jouit depuis 8 ans de la meilleure santé & n'a plus ressenti de douleur.

Un Porteur de chaife, au fervice *Obfervation.* d'une Maifon très-refpectable, fut faifi de douleurs aux lombes, aux cuiffes & aux jambes qui le mirent hors d'état d'agir. La charité de fon maître lui procura tous les fecours poffibles; ils furent infructueux. Les douleurs étoient fi vives pendant la nuit, qu'il ne pouvoit trouver le repos. On foupçonna le virus vénérien; on lui fit plufieurs queftions pour en être affuré; il perfifta conftamment à dire qu'il n'avoit jamais eu, ni mérité aucune maladie vénérienne; il fut à Balaruc. Le fecond ou troifieme bain pris dans la cuve lui aigrit fi vivement fes douleurs qu'on craignit pour fes jours; on eut beaucoup de peine à le ramener. Il avoua pour lors, ce qu'il avoit tu par honte & par crainte. On le paffa méthodiquement par le grand reméde; les douleurs difparurent; il reprit fes forces, & fut en état de continuer le fervice.

Les bains de Balaruc font encore nuifibles, lorfqu'on a de mercure

dans le corps. Si ce n'étoit une expérience conftante, avérée & recon-
nue par tous les Médecins, il feroit
aifé d'appuyer cette vérité par nombre d'obfervations; elles ne font pas
rares. On commet une imprudence,
on court un danger de s'y expofer
quelques jours après avoir quitté les
linges. On croit par leur fecours fe
délivrer des légeres douleurs qui ont
réfifté au traitement, ou des nouvelles qu'on s'eft procuré fouvent en
s'expofant imprudemment à l'air. Si
ces douleurs font vénériennes, il
faut patienter; car fi le traitement
a été méthodique, qu'on ne l'ait pas
précipité, elles fe diffiperont infenfiblement, fi on garde un bon régime,
par le mercure qu'on a reçu, qui roule
encore pendant quelque-tems dans
le corps, après avoir été décraffé.
Si les douleurs font dues à quelque
imprudence, ou dépendent d'une
autre caufe qui exiftoit avec le virus
vénérien, caufe qui a éludé l'action
du mercure; il ne faut pas fe preffer;
il faut attendre quelques mois, afin

que l'action du mercure ait ceffé ;
pour lors on pourra recourir aux
bains de Balaruc, pourvu toutefois
que le caractére & la caufe des douleurs exigent ce fecours.

ARTICLE III.

*Des Eaux de Balaruc fous forme de
Douche.*

La Douche échauffe la partie, y
anime la circulation, la rend plus
vive & plus fréquente ; elle excite
une efpéce de fiévre locale ; aide &
favorife la tranfpiration qu'elle rend
plus abondante. Ses effets fe font
fouvent reffentir dans tout le corps,
lorfque la partie qu'on douche eft
d'une grande étendue.

On douche avec fuccès les parties
paralytiques, & celles qui font affligées des douleurs rhumatifmales,
lorfque la nature de ces maladies, &
leurs caufes ne s'y oppofent point (*a*).

***

(*a*) Voyez ce qu'on a dit ci-deffus , lors de
la paralyfie, & du rhumatifme.

On se sert des Douches contre la sciatique ; espéce de goutte qui a quelquefois son siége dans l'articulation du femur, avec les os innominés ; mais le plus souvent dans l'aponeurose *du fascia lata*, puisque pour l'ordinaire elle occupe la hanche, la partie externe de la cuisse, s'étend au jarret, à la jambe, & quelquefois jusques au pied.

Si cette douleur (précédée ordinairement de fourmillement & d'engourdissement, qui revient aisément lorsqu'on a été affligé) est récente ; si elle est la suite de l'impression du froid & de l'humidité, les douches la dissipent ; on en prévient le retour en s'assujettissant pendant un certain tems à porter immédiatement sur la peau des caleçons d'une étoffe fine & douce de laine, tel est le moleton d'Angleterre. Lorsqu'elle est ancienne, qu'on en souffre depuis plusieurs mois, qu'on en a des retours depuis plusieurs années, les douches y sont très-souvent inutiles, il n'y a cependant pas de danger à les essayer. On calme

calme, & on la prévient souvent en portant constamment des caleçons de laine (a).

____

(a) J'ai vu cette douleur se calmer & se dissiper entiérement par l'application des ventouses séches.

Une Religieuse cloîtrée, vivant sous la Régle de St. Augustin, souffroit depuis plus d'un un d'une douleur de sciatique ; elle étoit si vive par intervalle qu'elle ne pouvoit marcher, ni se remuer sans pousser les hauts cris. On chercha en vain de lui procurer du soulagement par l'usage des remédes internes, & par l'application des externes. Dans une attaque vive on lui appliqua sur la partie externe & supérieure de la cuisse une ventouse séche, la douleur se calma ; & se dissipa par l'application d'une seconde. L'effet de ce secours chirurgical fut si prompt & si heureux que ses compagnes y avoient recours, lors de la vivacité de la douleur, sans faire avertir ni le Médecin, ni le Chirurgien de la maison. On les lui appliqua quatre fois avec le même succès, mais l'effet des dernieres fut si efficace, que depuis trois ans elle n'a plus ressenti cette douleur.

Dekkers rapporte qu'on appliqua les ventouses, avec le même succès, sur les fesses à un homme qui éprouvoit un retour de sciatique après douze ans de tranquillité.

Cette maladie est opiniâtre, rébelle, & très-difficile à guérir. Hyppocrate ; & les autres anciens Médecins qui l'avoient observé,

Observation.

Exercitationes practicæ pag. 33.

recommandent le cautére actuel. Celſe aſſure que lorſqu'elle eſt invétérée on la guérit avec peine, ſi on n'emploie ce ſecours. Le malade dont parle Dekkers n'en fut délivré pendant douze ans, qu'après qu'on l'eut brûlé juſques à l'os avec un cautére actuel de la groſſeur du petit doigt. Cette dure & cruelle Chirurgie n'eſt à préſent employée pour cette maladie que par la Médecine vétérinaire.

La méthode des Japonois & des Chinois eſt plus douce, & auſſi heureuſe. Ils brûlent la partie avec un duvet fort doux au toucher, d'une eſpéce d'armoiſe ; ils appellent ce duvet *moxa*. En le roulant entre les doigts ils en forment un cône d'environ un pouce de hauteur, qu'ils appliquent par la baſe ſur la partie, après l'avoir humecté d'un peu de ſalive ; ils mettent le feu au ſommet du cône, qui ſe conſume peu à peu, & finit par faire une légere brûlure à la peau, qui ne cauſe pas une douleur conſidérable.

Kempfer aſſure que les Hollandois ont ſouvent éprouvé l'efficacité de ce reméde. Pluſieurs Médecins modernes le conſeillent après d'heureuſes expériences. On lit dans les Mêlanges de Chirurgie de Mr. Poteau les heureux effets qu'il a eu à Lyon. Je l'ai vu réuſſir plus d'une fois. Comme on ne peut pas ſe procurer du *moxa*, à l'exemple des anciens, on peut y ſubſtituer la filaſſe de lin ; nous nous ſommes ſervis du coton en rame.

Obſervation. Un Travailleur de terre âgé de 36 ans,

tiere goutteuſe, comme cela arrive quelquefois, les douches y ſont nui-ſibles.

Elles ſont très-utiles dans la douleur de tête invétérée, lorſque cette douleur eſt l'effet du dérangement de la tranſpiration dans le cuir chevelu, & de la lenteur de la circulation dans le tiſſu du péricrane. Si elle eſt le produit du dérangement de l'eſtomac, de la ſuppreſſion des

Céphalée ou douleur de tête invétérée.

d'un très-bon tempérament, ſouffroit depuis dix-huit mois d'une douleur de ſciatique ; il ſe traînoit avec peine, & ne pouvoit pas travailler. On forma avec du linge deux cylindres de la hauteur d'un pouce, ayant auſſi un pouce de circonférence, qu'on emplit avec du coton en rame. On les lui appliqua l'un après l'autre à la partie ſupérieure & externe de la cuiſſe. On mit le feu au coton, qui ſe conſuma peu à peu ; la douleur qu'il lui occaſionna ne fut pas conſidérable, la brûlure fut très-légere ; la douleur de ſciatique ſe calma preſque dans l'inſtant, & ſe diſſipa entiérement le ſecond jour. Dès que la légere brûlure fut guérie, ce qui arriva le huitieme jour, il fut en état de marcher, & de reprendre ſon travail. J'ignore s'il n'a pas eu le même ſort que le malade dont parle Bekkers.

mois , des hémorrhoïdes , des obſtructions des viſceres du bas-ventre , on
ne doit les employer (ſi toutefois elles perſiſtent) qu'après avoir remédié
aux fonctions de l'eſtomac ; rétabli
le cours des mois , des hémorrhoïdes , & avoir diſſipé les obſtructions.
Elles ſont nuiſibles , ſi la céphalée
dépend du virus vénérien. Elles ſont
infructueuſes , ſi elle eſt due à la ſup-
puration & exulcération de la mem-
brane pituitaire , ſoit dans l'intérieur
des narines , ſoit dans les différens
ſinus qu'elle tapiſſe. Elles ſont encore infructueuſes , ſi elle eſt occa-
ſionée par des embarras qui ſe forment dans les ſinus ſourciliers , le plus
ſouvent par une morve qui s'y ra-
maſſe & s'y épaiſſit (*a*) ; quelquefois
par le tabac qui y pénétre (*a*).

(*a*) Pour réſoudre la morve ramaſſée , &
épaiſſie dans les ſinus frontaux , *Ettmuller* re-
commande la marjolaine ; on ſe ſert avec
plus de ſuccès du ſuc de poirée , & de la
graine de nielle.

(*b*) Ceux qui uſent du tabac d'Eſpagne y
ſont les plus ſujets. J'ai vu plus d'une fois de

On-voit des tempéramens si fen-

<hr>

grands preneurs de tabac fe plaindre des douleurs plus ou moins vives au-deffus de l'arcade
fourciliere ; le leur interdifant , & leur faifant renifler plufieurs fois dans la journée de
l'eau pure & tiéde , ils rendoient en fe mou-
chant de petits tampons de tabac , plus ou
moins durcis, ils étoient délivrés de cette douleur , dont quelques-uns fe plaignoient depuis une année.

Un célébre Profeffeur en Médecine , qui a
bien mérité de fa Patrie & de la Provence ,
grand preneur de tabac d'Efpagne , devint fu-
jet à une douleur du tête , qui le détournoit
fouvent de fes occupations. Cette douleur,
qui l'affligea plus d'un an , étoit par intervalle
très-vive au - deffus de l'arcade fourciliere
droite. Les différens remédes qu'il mit en
ufage n'ayant eu aucun fuccès , & la douleur
perfiftant , il fe fit injecter dans les narines
une forte décoction de pyréthre. Les éter-
nuemens réitérés qu'elle lui occafionna lui firent rendre deux tampons de tabac d'Ef-
gne ; la douleur fe calma & fe diffipa quelques jours après , entiérement.

Cette obfervation m'a été communiquée ,
il y a quelques années par Mr. Chaptal , qui
a été un des Difciples de ce Profeffeur ; je
ne l'ai connu que les dernieres années de fa
vie ; il ufoit pour lors du tabac rapé , qu'il
avoit fubftitué depuis cette époque au tabac
d'Efpagne.

fibles à l'impreſſion du moindre froid, qu'ils ſont tout de ſuite enchifrenés. Cette eſpéce de fluxion catarreuſe eſt pour l'ordinaire chez eux importune, & rébelle au changement des ſaiſons. Les douches en favoriſant la tranſpiration dans le cuir chevelu, la diſſipent, & la préviennent ſi on va les prendre à bonne heure ; il eſt vrai auſſi qu'on peut la prévenir, ſi on a l'attention de ſe faire raſer fréquemment la tête, de ſe la broſſer tous les jours, ou frotter avec un linge rude, & de ſe la couvrir un peu plus aux premieres impreſſions du froid, ſans la ſurcharger ; car il eſt d'expérience qu'on s'enchifrene aiſément lorſque la tête eſt trop couverte.

Epiphora ou larmoyement.

Elles ſont très-avantageuſes dans le larmoyement, lorſque cette incommodité eſt la ſuite de la foibleſſe & du relâchement des tuyaux excrétoires de la glande lacrymale, & de l'impreſſion d'un air froid & humide auquel on a été long-tems expoſé ; mais elles ſont inutiles lorſqu'elle eſt

due à l'obſtruction des voies naturel-
les des larmes ; la ſeule opération peut
y remédier.

On ne doit point les négliger dans
la paralyſie de la paupiere ſupérieure ;
elles la diſſipent le plus ſouvent.

On en voit quelquefois de bons
effets dans la goutte ſereine commençante, on doit y recourir, ſi ce n'eſt
que les cauſes de cette eſpéce de paralyſie ne s'y oppoſent. Elles ſont
conſtamment infructueuſes lorſqu'elle
eſt parfaite, il n'y a cependant aucun
danger à les eſſayer. Elles ont le
même ſuccès dans la ſurdité ; elles
peuvent y remédier lorſqu'elle eſt récente & imparfaite ; mais leurs effets
ſont nuls, ſi elle eſt ancienne & parfaite.

On ne doute pas que la cataracte
ne ſoit l'opacité du criſtallin. Cette
maladie s'annonce par des points noirs
qu'on a conſtamment devant les yeux,
qui voltigent, quoiqu'on fixe la vue
ſur une ſurface blanche & polie (a).

Paralyſie de la paupiere ſupérieure.

Goutte ſereine & ſurdité.

Cataracte.

(a) La goutte ſereine s'annonce auſſi par

Ces points noirs difparoiffent infenfiblement ; il fe forme pour lors un nuage qui manifefte la cataracte ; nuage

des points noirs qu'on a conftamment devant les
yeux, qui fatiguent & importunent ; mais ces
points noirs lorfqu'on fixe la vue fur une fur-
face blanche & polie, font fixes & ne voltigent point, comme font ceux qui annoncent la cataracte : ils ne fe diffipent point
infenfiblement, ils deviennent tous les jours
plus confidérables, fans que l'œil perde de
fa tranfparence ; à mefure qu'ils grandiffent, la
pupille s'affoiblit, fe dilate ; & dès que la
vue eft perdue elle n'a plus ni jeu, ni reffort,
c'eft un parfait *midriafe*.

Les imaginations font auffi des points noirs
qu'on a conftamment devant les yeux, qui
impatientent ; mais ne grandiffent jamais,
ne portent aucune altération à l'œil, & fe diffipent très-fouvent par le repos, par la faignée, les bains, les tempérans, les rafrai-
chiffans ; en fomentant l'œil avec l'eau frai-
che, ou en le faifant tremper dans une petite
baignoire à cet ufage ; ceux qui annoncent
la cataracte, ou la goutte fereine éludent
très-fouvent les fecours les plus appropriés.

On voit des imaginations qui réfiftent à
tous les remédes ; mais elles ne croiffent jamais, quoiqu'on les porte très-long-tems, &
même toute la vie. Ne feroient-elles pas l'effet de l'altération de quelques fibres de la cho-
roïde ?

qu'on

qu’on apperçoit au-delà de la pupille, qui obfcurcit la vue, & qui acquiert peu à peu plus de confiftence. On prévient difficilement la cataracte, lorfqu’elle commence à s’annoncer ; il n’eft pas aifé d’en arrêter les progrès, il eft pour l’ordinaire impoffible de le faire (a). Je fai qu’on eft dans l’ufage de faire prendre la douche à ceux qui en font menacés, ou affligés ; mais fi on eft de bonne foi, on doit

---

(a) Quoiqu’on ne puiffe pas fe flatter d’arrêter les progrès de la cataracte commençante, il ne faut cependant pas négliger l’application des ophtalmiques réfolutifs.

L’infufion de la racine de la valeriane fauvage, & de la ruë de jardin, dans le vin blanc, eft recommandée par plufieurs Médecins.

A l’exemple de Tulpius, on s’eft fervi avec fuccés de la racine de fenouil, & du fuc tiré des feuilles de cette plante. Fabricius Hildanus affure avoir diffipé des cataractes avec le fuc de la grande célidoine. Mr. Cuffon m’a affuré que Mr… , devenu aveugle par cataracte, avoit ufé pendant longtems, par fon confeil, du fuc de cette plante, que ce reméde lui rétablit fi parfaitement la vue, qu’il reprît l’exercice de la chaffe.

I

convenir qu'ils reviennent de Balaruc dans le même état où ils étoient lorsqu'ils y ont été. La douche n'est point à la vérité nuisible dans cette maladie, elle est seulement infructueuse.

Ophtalmie. Dans les ophtalmies rébelles, opiniâtres dues à une mauvaise constitution de la lymphe, les douches sont quelquefois avantageuses ; on ne doit les conseiller qu'après un long usage des remédes internes propres à corriger le vice de la lymphe ; & des externes en état de calmer la douleur, & de favoriser une douce résolution.

Observation. La fille cadette d'un Horloger, âgée de huit à neuf ans, sujette dès sa naissance à des fluxions, fut affligée d'une ophtalmie à chaque œil, qu'elle aigrissoit par ses pleurs, & par les inquiétudes où elle étoit de ne pouvoir pas supporter la lumiere.

On ne pouvoit méconnoitre une mauvaise constitution de la lymphe. Les saignées, les légers purgatifs, les bouillons délayants, adoucissants, & anti-chœradiques ; le petit lait, tantôt pur, tantôt aiguifé de la vertu des cloportes, & des plantes dépuratives ; le lait ; les demibains ; l'application des épipaftiques, de l'écorce de la racine du *Garou* ou *Bois-fain* derriere les oreilles ; l'ufage conftant des ophtalmiques repercuffifs, adouciffants, réfolutifs, fuivant les circonftances, furent employés prefque fans fuccès pendant fix mois. On l'amena à Balaruc ; elle prît fix douches, qui lui diffiperent entiérement ces rébelles ophtalmies. Quoique à fon retour on lui fit continuer les adouciffants, elle en eut quelques mois après une nouvelle attaque, mais plus légere. On la ramena à Balaruc ; l'effet des nouvelles douches ne fut pas d'abord fi heureux que la premiere fois ; ce ne fut que quelques jours après fon retour que ces ophtalmies fe diffiperent ; il y a quatre ans qu'elle n'a eu aucun reffentiment.

On remédie très-fouvent par leur fecours aux fluxions qui fans aucun vice des humeurs fe jettent fur les

Fluxions fur les dents, les oreilles, les yeux & le nez.

yeux, fur le nez, fur les dents, fur les oreilles ; c'eft que pour l'ordinaire elles font la fuite du dérangement de la tranfpiration dans le cuir chevelu.

ARTICLE IV.

Des Eaux de Balaruc fous forme de fomentation.

Sous forme de fomentation les Eaux de Balaruc calment efficacement les douleurs vives des hémorrhoïdes, & les flétriffent. On les met en ufage, lorfqu'on s'eft fervi infruĉtueufement des remédes propres à tempérer l'aĉtivité du fang ; à procurer la foupleffe à ces facs variqueux ; à les débarraffer du fang qui les gonfle, & les diftent ; & à leur donner le ton néceffaire pour qu'ils puiffent revenir aifément fur eux-mêmes, gouverner le fang qui y aborde, & le pouffer en avant. Les Eaux de Balaruc ne feroient-elles pas falutaires dans cette maladie en produifant ces derniers effets ?

Madame... fujette aux hémorrhoï-
des depuis fa derniere couche, en eut,
il y a trois ans, une attaque fi vive,
qu'elle fut obligée de garder le lit,
ou la chaife longue. Le régime humectant, adouciffant ; la faignée ;
l'application des fang-fues ; les bains ;
les fumigations émollientes ; les cata-
plafmes émolliens, ftupéfians ; les
cérats ; les onguents adouciffants,
narcotiques, réfolutifs qu'on mit en
ufage ne lui procurerent qu'un léger
foulagement ; la douleur reparoiffoit
bien-tôt avec vivacité. On la déter-
mina à fomenter fes hémorrhoïdes
avec l'Eau de Balaruc, auxquelles
on donna un degré convenable de
chaleur, & d'y tenir conftamment
un linge mouillé de ces Eaux. La
douleur fe calma, & les hémorrhoïdes fe flétrirent peu à peu entiérement dans l'efpace de deux ou trois
jours.

Le calme & la tranquillité que lui
procura ce fecours, furent fi prompts
& fi heureux, que non-feulement
elle y a recours lorfque fes hémorrhoï-

des font douloureufes ; mais encore elle s'empreffe de le confeiller aux perfonnes de fa connoiffance qui en font affligées.

Obfervation. Le premier Huiffier à un Siége Préfidial , à la fuite d'une fiévre putride continue exacerbante , eut une attaque des plus vives d'hémorrhoïdes ; on effaya différens remédes qui lui procurerent à la vérité un foulagement paffager ; il ne fut conftant que par l'ufage des Eaux de Balaruc dont on lui fomentoit fréquemment le fondement ; ce fecours les lui flétrit bientôt , quoiqu'elles euffent le volume d'un œuf de pigeon.

Ces Eaux calment encore la douleur vive qu'occafionne la bleffure du tendon ; diffipent les fymptomes qui en font la fuite , & en favorifent l'exfoliation. On fomente la partie , ou on la fait tremper dans les Eaux de Balaruc , après leur avoir donné la chaleur qu'elles ont à la fource.

Obfervation. On fe rappelle que le célébre Mr. Chirac envoya chercher les Eaux de Balaruc, & s'en fervit très-heureu-

fement pour calmer les vives douleurs que feu Mgr. le Régent reffentoit au poignet, par une plaie qu'il
y reçut en 1706 au fiége de Turin.

ARTICLE V.

Des Eaux de Balaruc comme déterfives & épulotiques.

Les Eaux de Balaruc comme dé-
terfives & épulotiques doivent être
employées lorfqu'il n'y a prefque plus
de fuppuration ; que les chairs font
belles & vermeilles ; que la cicatrice
a fait des progrès, & qu'elle eft fur
le point de fe terminer. On panfe
pour lors les plaies avec la feule char-
pie trempée dans l'eau de Balaruc.
Ce fecours fuffit pour raffermir les
chairs, & donne lieu à une cicatrice
ferme & folide. Si on fe hâte de s'en
fervir lorfque la fuppuration eft encore abondante, on defféche les
plaies, on ralentit la fuppuration ;
les lévres pour lors fe gonflent, &
s'enflamment de nouveau ; les chairs

pâliffent ; le fonds fe couvre d'une efpéce de fcharre blanchâtre , & on a la gangrêne à craindre. On abandonne les Eaux de Balaruc ; les fcharres tombent ; on voit que la plaie a fait des progrès , qu'elle eft devenue confidérable , & fouvent dangereufe ; la fuppuration fe rétablit , elle devient plus abondante ; le pus qui étoit fanieux paroit épais & blanchâtre , & la nature qui n'eft plus troublée , remédie infenfiblement aux défordres occafionnés par la mauvaife application des Eaux de Balaruc.

On pourroit citer des obfervations en nombre pour conftater la vérité de leur bon , ou mauvais ufage dans le panfement des plaies , fi elle n'étoit connue par les Médecins & les Chirurgiens.

ARTICLE VI.

De l'ufage des étuves.

Les étuves, (où ne doivent entrer que les perfonnes fortes , robuf-
tes ,

tes , d'un bon tempérament , qui n'ont rien à craindre du côté de la poitrine), provoquent des fueurs abondantes. Quoique cet effet foit principalement dû à la chaleur , & à la légéreté de l'air humide qu'on y refpire , elles gonflent & animent le fang. Elles font très - avantageufes dans les douleurs rhumatifmales *par caufe froide* ; dans cette efpéce d'engourdiffement ou *torpeur générale* qu'on reffent pour avoir trop longtems refté , ou couché dans des endroits frais , humides , & nouvellement enduits ; elles diffipent quelquefois les œdématies locales , & rendent aux membres leur agilité naturelle ; elles ont été plus d'une fois utiles aux tempéramens phlégmatiques , pour aiguillonner les fonctions, & fur-tout celles de certains vifceres du bas-ventre.

ARTICLE DERNIER.

De l'ufage des bouës.

La vertu réfolutive & defficative

des bouës les rend propres à résoudre les engorgemens œdémateux des extrémités ; à rendre aux parties le ressort qu'elles ont perdu ; mais on ne doit les appliquer que lorsque le vice est purement local. Elles sont nuisibles dans les enflures moles, indolentes qui se manifestent sans cause apparente, ou qui restent aux environs des articulations après la goutte, le rhumatisme, les entorses, les dislocations, quoique la douleur soit entiérement dissipée, & que le malade agisse librement ; il est vrai qu'elles les dissipent souvent ; mais elles dessèchent & roidissent l'article au point que le jeu devient gêné, difficile, & souvent douloureux.

Observation.   Un célébre Avocat fut affligé d'une douleur rhumatismale à la jambe droite ; cette douleur s'étant dissipée, il lui resta une enflure œdémateuse au bas de la jambe, qui entouroit l'articulation. On y appliqua les bouës de Balaruc ; la seconde application la lui dissipa entiérement ; mais il ne put plus fléchir, ni étendre sans gêne

le pied, & fans y reffentir une dou_
leur affez vive. On y appliqua des
émolliens ; l'enflure reparut, & l'articulation reprît fon jeu libre & naturel. On eut recours à des réfolutifs
plus doux, & plus analogues à l'humeur fynoviale : le cataplafine fait
avec le fon defféché, le gros vin
rouge, les rofes de provins, & le
vieux oing lui diffiperent en peu de
jours cette enflure, fans que le jeu
de l'articulation fut altéré.

F I N.